科学顾问 唐 勇
主 编 杨慧娜

元素萌萌说 2

策 划 王昊阳 罗瑞敏 林芙蓉
编 绘 索石文化 俞 兰

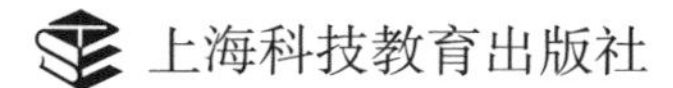
上海科技教育出版社

前　言

元素是具有相同核电荷数（即质子数）的同一类原子的总称，在我们的日常生活中扮演着重要的角色。例如，氧、碳、氢和氮被认为是生命的四大元素，构成了人体质量的96%。其中，氧是人体中含量最多的元素，约占体重的61%；碳是我们生命体的最基本结构元素，这也是我们被称为“碳基生命”的原因。事实上，世间万物都由一种或者几种元素构成。元素无所不在，是构成物质世界的基础，在现代化学、物理学、生物学和材料学等学科发展中的巨大意义是不言而喻的。

元素思想的起源很早，人类对“元素”的认识经历了漫长的过程。古埃及人和古巴比伦人曾经把水，后来又把空气和土，看成是世界的主要组成元素。在古希腊时期，人们认为所有物质都是由四种基本元素（火、水、土、气）组成的。中国古代也有类似的思想，即金、木、水、火、土的五行元素学说，认为万物都是由金、木、水、火、土五种元素混合而成的。直到17世纪，英国科学家波义耳在《怀疑派化学家》（*The Sceptical Chymist*）中对四元素说提出了质疑，给出了世界上第一个相对科学的元素定义，认为元素是明确的、实在的、可觉察到的实物，是一般化学方法不能再分解的某些物质。1789年，法国化学家拉瓦锡发表了《化学纲要》(*Traite Elementaire de Chimie*)，认为一切无法再分解的物质即为元素，彻底推翻了四元素说。拉瓦锡还列出了第一张元素表，将已知的33种元素进行了分类，分别归为气体、金属、非金属以及土族元素四类。1803年，英国化学家道尔顿进一步拓展了拉瓦锡的理论，认为元素其实是由无法再分开的微小颗粒组成，任何一种特定的元素只能由特定的颗粒——原子组成，这些原子按照一定比例加以组合就能形成不同的化合物。与此同时，道尔顿以氢气为基准开始计算各种元素原子的相对质量，并在1810年发表了第一张含有二十余种元素的原子量表，原子也被赋予了自己固有(质)量等本征特性。1869年，俄罗斯化学家门捷列夫按照原子量升序排列当时已知的63种元素，发现原子量在元素分类中的重要意义——元素的性质随相对原子质量的递增发生周期性变化，在俄国化学会刊第一卷上发表了题为《元素属性与其原子量的关系》的论文，绘制了元素周期表，并据此预测了尚未被发现的元素及其化学性质、化合价和原子量等。门捷列夫的元素周期表的建立使得现代化学及其相关学科的研究不再局限于对大量零散事实的无规律罗列，奠定了现代科学诸多领域的研究基础。直到今天，一共发现了118种化学元素，逐步形成了我们都熟悉的现代元素周期表，极大地推动了化学的发展。

由中国科学院上海有机所化学研究所科普团队策划、创作的《元素萌萌说》科普绘本，采用拟人化的元素形象、通俗易懂的故事性讲述，巧妙地将化学元素融入天文、地理、历史、物理、生物与技术中。通过选取40种化学元素，讲述它们与人类生活、社会发展密切相关的故事，呈现其发现过程、命名趣事、基本性质及广泛应用。相信这套书会让青少年更具体了解化学在人类认识和改造自然、提高人类的生活质量和健康水平、推动社会进步等方面发挥的巨大的不可替代的作用。

期待《元素萌萌说》的出版能让更多青少年通过认识元素，了解化学、爱上化学、应用化学，一起用化学创造我们美好的未来！

中国科学院院士，有机化学家

2023 年 7 月

主创寄语

春草碧色，秋水潺湲；鹰击长空，鱼翔浅底……我们身处的世界五彩斑斓、千姿百态。这样的一个世界，究竟是由什么构成的呢？

在遥远的上古时代，人们就开始思考这个问题了。我们的祖先通过对大自然的观察，提出了金、木、水、火、土五大元素概念。随着现代科学的发展，科学家们运用实验技术与方法，陆续提取、分离和验证了118种化学元素。正是这些元素，组成了这个丰富多彩的世界，构成了我们每日瞬息万变的生活。今天，人们对化学元素的认识还远远没有完结，还有许多人正在孜孜不倦地研究与探索着。

在人类智慧宝库中，元素科学、元素周期律无疑是认识世界的一把钥匙，而元素发现史、生命元素之旅、生活中的元素科学、高科技中的元素故事，正是大家尤其是青少年认识化学元素的极好题材。《元素萌萌说》系列科普绘本正是这些内容的具体呈现。

本套科普绘本共四册，涵盖了40种元素的有趣知识。绘本以漫画为主要表达形式，通过无所不知的“元素精灵”点点、主人公江滨白等小朋友的视角，借助活泼有趣、贴近生活的故事讲述元素知识，让小读者在元素世界里畅游。绘本中还融入了科学发展史、中华古诗词等内容，丰富和拓展了故事情节，希望以此激发孩子们更大的阅读兴趣，激励大家进一步去思考探索。

为孩子们做科普是一件重要且意义非凡的事，也是科研人员责无旁贷的义务和使命。本套科普绘本由中国科学院上海有机化学研究所年轻的科研团队策划创作。他们将雄厚的科研优势与多年的科普经验有机结合，同时和索石文化的优秀画师密切合作，终于为小读者们呈上了一套科学性与趣味性完美融合的“元素之书”。

本套科普绘本的创作和出版得到了上海市2022年度“科技创新行动计划”科普专项（22DZ2301300）、中国科学院科普专项以及上海市闵行区科普项目的资助，黄晓宇、沈其龙、邱早早、郑超、陈品红、洪燕芬等专家学者对图书内容进行了仔细审核，提出了中肯的意见和建议，在此一并表示感谢！

希望《元素萌萌说》为化学科普工作打开一个全新的视角，成为化学科普天幕上的一颗新星！更希望《元素萌萌说》为我们的孩子认识世界打开另一扇窗，让“世界”这个词在大家心中更加具体与美好。

2023 年 7 月

人物介绍

点点

元素小精灵

生日：谁知道呢

来历：诞生于元素周期表的精灵

性格：活泼可爱、调皮捣蛋，喜欢宅在房间里

爱好：吃甜食

江滨白

生日：11 月 26 日

性格：乐观、诚实、热情、好奇心强

喜欢的颜色：黄色、蓝色

爱好：做实验、游泳、郊游

喜欢的食物：冰淇淋

贺静涵

江滨白的妈妈

生日：2 月 7 日

性格：温柔善良、包容、细心

喜欢的颜色：粉色、紫色

爱好：唱歌、烹饪

喜欢的食物：糖醋排骨

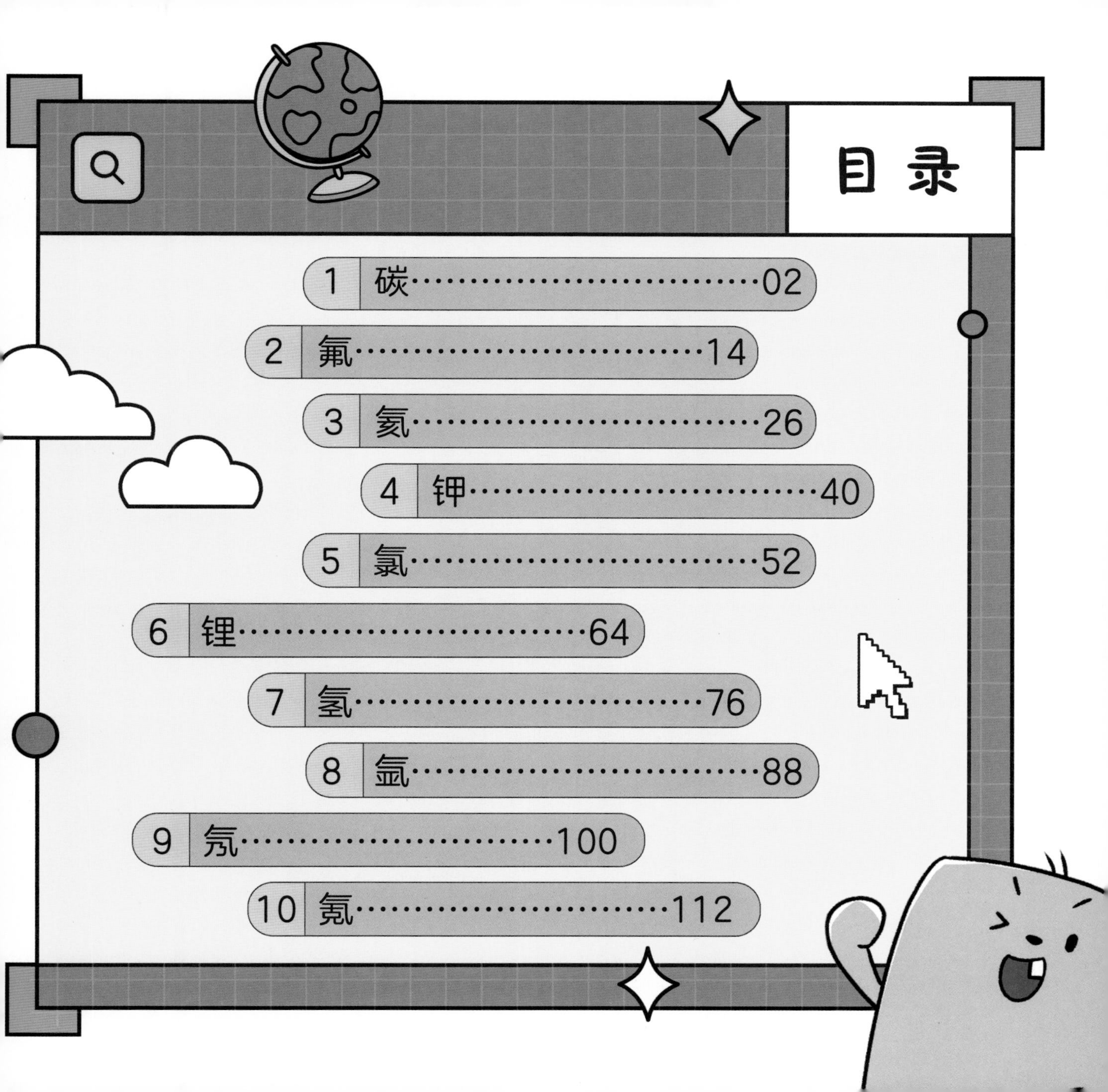

目录

1
碳(Carbon)
返回
Carbon
碳
6
固体
熔点(℃)
3550
沸点(℃)
4827
(升华)
密度(g/cm³)
3.51
相对原子质量
12.01
发现于古代
非金属

主页

它无处不在，是人类的老朋友。

它变化多端，既存在于常见的铅笔里，

又存在于名贵的钻石中。

它撑起了地球上的整个生命系统。

江滨白和小精灵在小区散步。
天气真好呀！
伸展
熏醒
咦，什么味道？
好难闻！
嗅

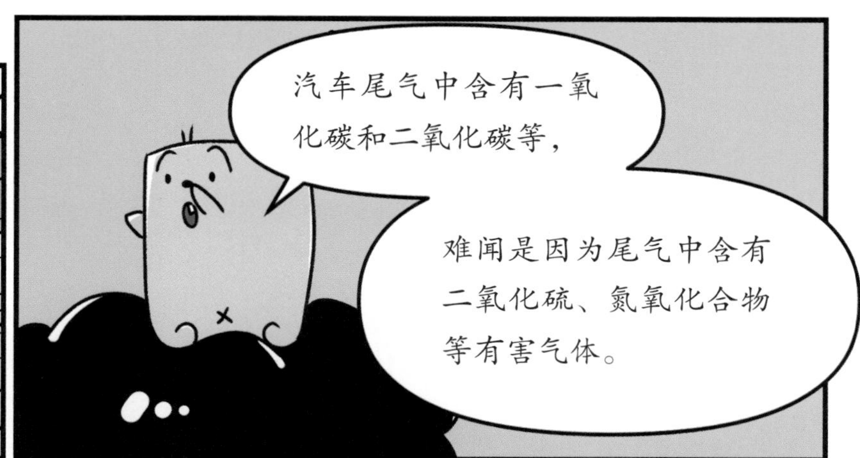
汽车尾气中含有一氧化碳和二氧化碳等，
难闻是因为尾气中含有二氧化硫、氮氧化合物等有害气体。

硫？
……沉思中……
碳？

我记得硫会形成酸雨！
可是碳是什么啊？
硫→酸雨
碳→？

碳是非金属元素，
在元素周期表中排在第6位。
6 C
碳

碳在史前就已被发现，
人类最早使用的炭黑和
煤的主要成分就是碳。

煤？我知道！以前
回乡下奶奶家，我
还用它烧过水！

碳的英文名Carbon就
来源于拉丁文中煤和
木炭的名字。
碳在生活中有很
多种应用形式。
碳Carbon

例如，碳水化合物是为人体提供能量的主要营养素之一。
碳水化合物
知识点
人体三大营养素：
1. 碳水化合物
2. 蛋白质
3. 脂类
碳可用来制造铅笔芯、
干电池的电极、
石墨
金刚石等。
工业用金刚石可用于钻孔、切割和抛光；
宝石级的金刚石是用来制作贵重首饰的。
等等，不是在说碳吗，金刚石又是什么东西啊？
金刚石？

金刚石是碳的同素异形体，是目前在地球上发现的最坚硬的物质。
金刚石

同素异形体？

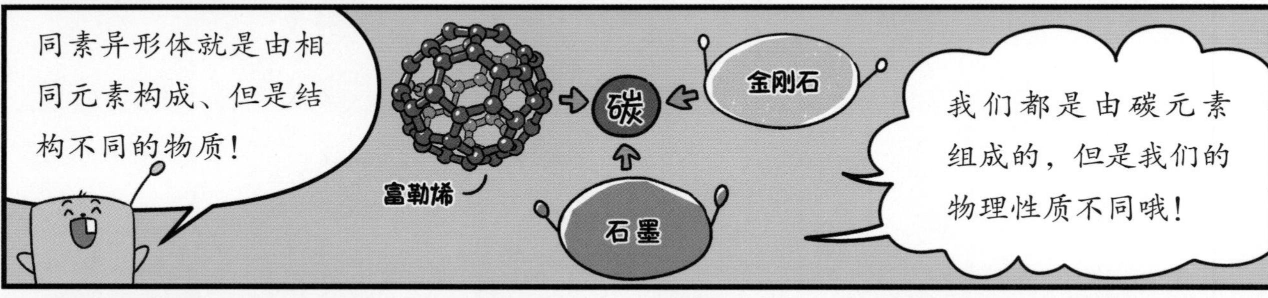
同素异形体就是由相同元素构成、但是结构不同的物质！
碳
金刚石
富勒烯
石墨
我们都是由碳元素组成的，但是我们的物理性质不同哦！

富勒烯、石墨和金刚石都是由碳元素组成的，但是它们的性质却有所不同。
是不是很有趣？
是的，化学总是很神奇！

碳还有一个很神奇的特点……
碳在自然界中的循环构成了碳循环。
碳
循
环
碳循环？循环？
一直重复吗？
碳
碳
碳
碳
？

大气中的二氧化碳（CO_2）被陆地和海洋中的植物吸收，然后通过生物、地质过程或人类活动，又以二氧化碳的形式返回大气中。

动植物死亡后，体内的含碳物质通过微生物的分解作用转化为二氧化碳，最终排入大气。

大气中的二氧化碳约20年循环一次。
20年

循环一次要20年！这么久！
抓

是的。
差点掉下去了……

江滨白……
嗯？
下次我们就在小区里散步，别再去大门口啦！
嗯嗯！汽车尾气真的太难闻了。

汽车尾气不仅对人体有害，而且会造成环境污染。
环境污染？像酸雨那样吗？

二氧化碳是引起温室效应的主要气体！
温室效应

你发现没有，现在的冬天越来越暖和了，
冰川融化也越来越严重。
好热～～

全球变暖不仅会导致海平面上升，还会破坏南北极动物的栖息地！
我们没有家了……

这些就是温室效应！

所以现在的公交车大多是电动的，就是为了保护环境啊！
新能源

是的，大家最好低碳出行。保护环境，人人有责！
点头
嗯嗯！

2
氟（Fluorine）
Fluorine
9
氟
气体
熔点(℃)
−220
沸点(℃)
−188
密度(g/L)
1.70
（0℃，1atm）
相对原子质量
19.00
发现于1886年
卤素
返回

主页

它是电负性最大的原子。

它守护我们的身体：保障骨骼坚硬，牙齿健康。

它也破坏着地球的“保护伞”——臭氧层。

它给发现者带来诺贝尔奖荣誉，

又让这位幸运儿早早离世。

知了……
知了……
好热啊，好热啊！
啪
江滨白，你怎么了？

26℃
呼呼~
太热了，还好有空调。
嘀
26
耶！幸好待在家里。
…
其实空调也不是那么好啦，
你知道空调中的制冷剂——氟利昂吗？
~呼呼~
氟利昂？
扇
26

氟利昂会破坏臭氧层，
引发环境危害。
太阳
紫外线
臭氧层
氟利昂
撞
*臭氧层可以有效地阻止过量的紫外线到达地面。

正因为如此，我国很
早就禁用氟利昂，并
开发出了替代品。
等等！让我猜一下……
氟利昂中含有
氟元素吧？
*破坏臭氧层的是
氟利昂中的“氯”，
不是“氟”。

没错！
氟气
F_2
氟是一种非金属元素，是卤族元素之一。
9 F 氟
氟元素的单质是氟气，是一种淡黄色的剧毒气体。
福气？
大人总说我很有福气。哈哈哈哈哈！
是氟气！
可是我怎么感觉氟没什么用呢？

挥
不不不一
不要小看氟，
氟是已知元素中电负性最强的元素，它的单质具有很强的氧化性。
最强氧化剂之一
氟气
F_2
氟气是已知的最强的氧化剂之一。
最强的？
听起来还挺厉害，那它有什么用处呢？

氟
F
它可以用来制造含氟农药，
农药
杀虫剂
杀虫剂，
灭火剂，
用于核弹原材料——铀的提取分离。
含F牙膏
不少商家在牙膏中加入含氟化合物，可以防止蛀牙。
唰唰
哇——

可以防止蛀牙？
嗖
我要去看看我的牙膏里有没有氟化合物。
热风
…
呆住
砰
热热热
啊——
外面好热——

噗哈哈
嗯？怎么不去了？
咻——
这个不急，我等会儿再去看。
那好吧。
不过你要记得，不可以把牙膏吞下去！
啊？为什么？

吞下含氟牙膏会导致
氟在体内积聚。
!!太多啦!!
F F F F F F F F

过量的氟会导致牙齿失
去光泽、变黄、变形，
甚至可能会影响牙齿
和骨骼的发育哦！

完了！我小时候不小心吞
过牙膏……

放心，少量吞服含氟牙膏是不要紧的，所以不用担心！
那就好。
呼~

我明白了，
氟和钠等元素一样，过量摄入会对人体造成伤害！

没错，适量才是最好的！
达成共识

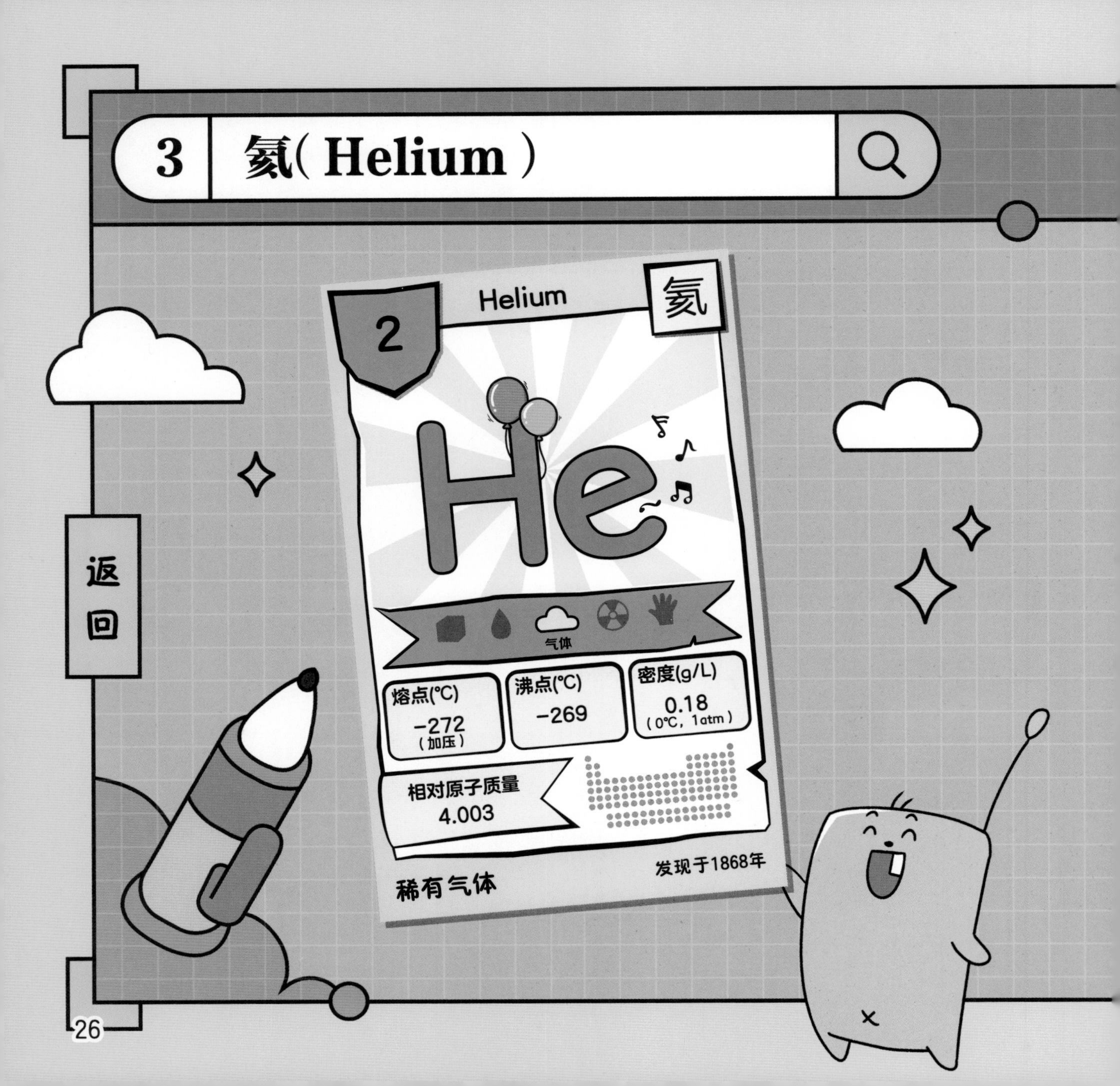
3
氦(Helium)
Helium
氦
2
He
气体
熔点(℃)
-272
（加压）
沸点(℃)
-269
密度(g/L)
0.18
（0℃，1atm）
相对原子质量
4.003
稀有气体
发现于1868年
返回

主页

它是元素大家庭中最“懒”的宝宝。

它是“魔法师”，

液态的它会沿着杯壁自下向上爬。

它有超强的导热和制冷本领，

是精密机械制造的好帮手！

卧室
不在……
咻
也不在……
厕所
咻
阳台
找到了！
江滨白，你在晒太阳呀！

是呀！怎么啦？
好热啊！我想吃
冰淇淋！
小挥
好，我去给你拿。

哇
谢谢！
递

你喜欢晒太阳吗？

是呀，好舒服！还能帮我把身上的细菌赶跑！

那你知道氮元素吗？

氦？那是什么？

氦是稀有元素之一，单质是稀有气体。
氦的元素名称来源于希腊文，原意是“太阳”。
Zzz
2 He
氦
稀有&不活泼

我看你经常晒太阳，还以为你知道呢！
嘿嘿！那我现在知道啦！

不过，它为什么叫太阳呢？是和太阳有关吗？

是的。
因为最早是在太阳光谱的黄色波长区域发现了一条谱线，并且是一条不属于任何已知元素的新线。
太阳吸收光谱
新元素
于是科学家就把这个新元素命名为 Helium，源自希腊文 Helios，也就是太阳，元素符号为 He。
太阳
新元素
Helium
He
He
He
He
这也是第一个在地球以外的宇宙中发现的元素。

原来如此。
呲溜~
呲溜~

干~净~

小精灵，那氦只存在于太阳中吗?

不是。
摇
He
氦存在于整个宇宙中。
但在自然界，它主要存在于天然气或放射性矿石中。
天然气
而且在地球的大气层中，氦气的浓度十分低。这是因为地球引力不足以“拉”住氦，所以它们都逃逸到太空去了。
地球上氦这么少，那它在生活中的应用是不是也很少啊？

当然不是。
液体氦的温度接近绝对零度，
0℃ 水的熔点
-183℃ 液氧
-196℃ 液氢
-210℃ 固态氢
-219℃ 固态氧
-252.9℃ 液氮
-269℃ 液氦
-273℃ 绝对零度
* 绝对零度是热力学的最低温度。
因此，它在超导研究中被用作超流体，制造超导材料。
由于氦很轻，而且不易燃，
因此它可用于填充飞艇、温度计、潜水服等。
萌萌2号飞艇
磁悬浮列车也和氦有关哦！
磁悬浮列车？ 它们有什么关系呢？

在液氮体系中可以观察到低温超导现象。
好深奥的样子……
打个比方吧！
-269℃
在液氦的温度下，
铅球
铅环
在一个铅环上放置一个铅球，铅球会像失重一样飘浮在环上，与环保持一定距离。
同样的温度，
用细链子系着磁铁，慢慢放到一个金属盘子里。
磁铁
-269℃

当磁铁快要碰到盘子的时候，
-269°C
金属盘
可以观察到，链子松了，磁铁悬浮在盘子上方，
-269°C
弹
金属盘
若此时轻轻拨动磁铁，它就会自行旋转。
-269°C
旋转
哇
磁悬浮列车就是利用这个效应来制造的。
原来如此！好神奇！

严肃
不过……
氦还是有一定危险性的！
He

啊？

如果大量吸入氦气，
He
He
He
He
会造成体内的氧被氦取代，
侵略者
踢
氦气
受害者
氧气

因而发生缺氧现象，严重时甚至会导致人死亡。

所以一定要注意安全哦！

胸有成竹
我明白啦！

4 钾（Potassium）

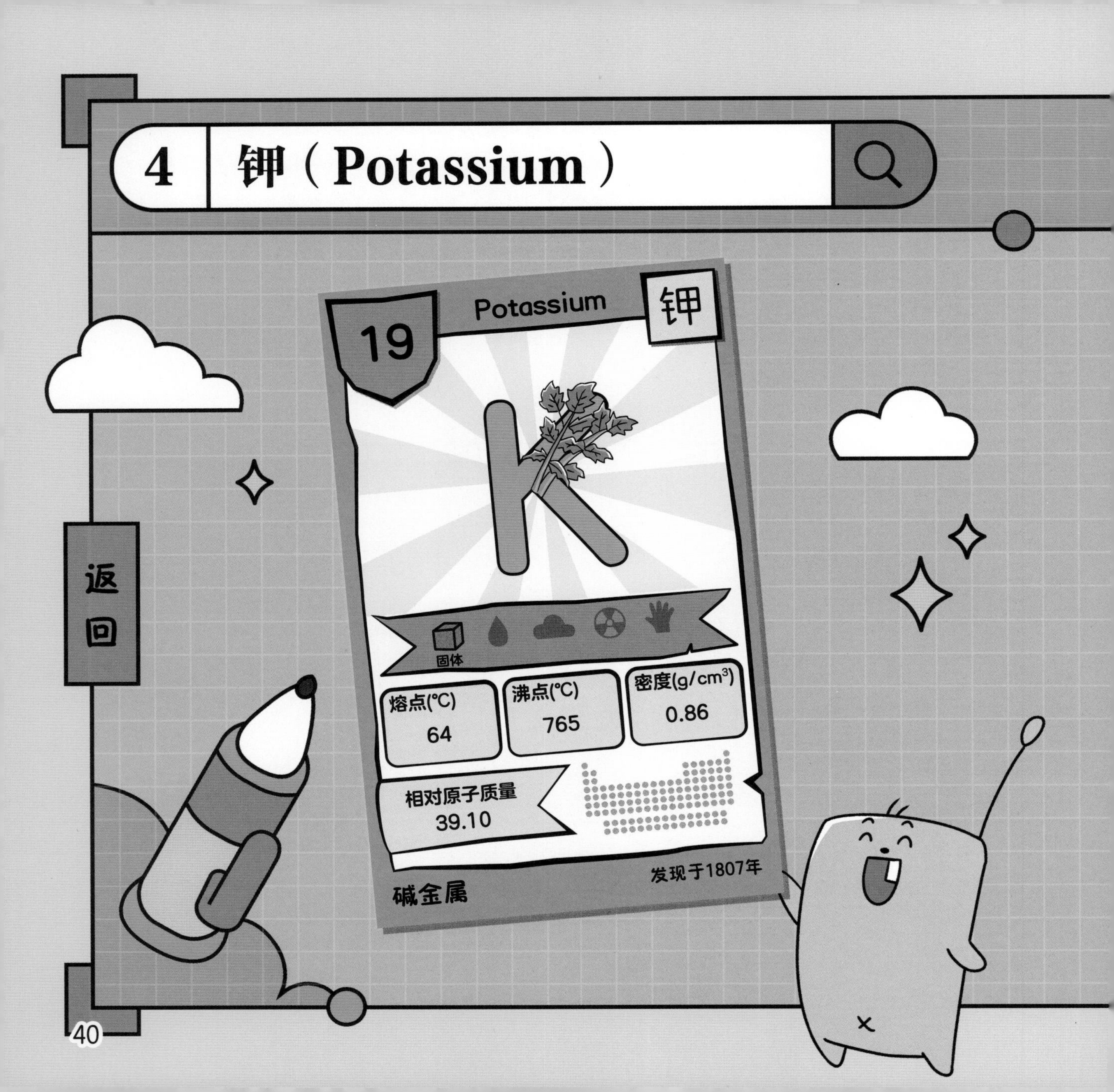

主页

它是会在水面上游动的紫火，

是古人用于洗涤衣物的“神秘客”，

也是保证人体正常运转的“大人物”。

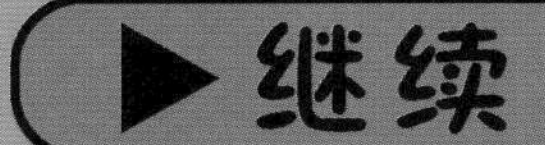

萌萌儿童医院
乏力
失眠

儿科门诊

陈医生

检查结果显示，小朋友身体中缺乏钾元素，这才导致身体疲惫哦！
缺钾

你可要多吃黄绿色的蔬菜水果哦！
好……好吧……

江滨白，你还要
继续挑食吗？！
不……不了！

话说小精灵……
钾元素是什么啊？
……
缺乏钾元素
……

钾是人体必需的化学元素之一。
它是元素周期表中第 19 号元素。
19 K
钾

它和钠一样，都属于活泼的金属元素。钾甚至比钠更活泼。
我很活泼！
我更活泼！
钠
Na
钾 K

因此钾元素在自然界中没有单质形态存在，
主要以盐类物质的形式存在于海洋和陆地。
你看钾这个字，“钅”旁一个甲，
因为它曾经是金属元素中的头号活泼元素，
所以当时就将它命名为钾。
钅甲
甲乙丙丁戊……
73
* 甲：天干的第一位，常用来表示顺序的第一位。

不过，现在已经出现了比钾更活泼的元素了。
没错！
虽然人们很早就发现了钾元素，
但其金属性过于活泼，很难将它与其他物质分离。
这个问题困扰了科学家们好几个世纪。
休想分离我们!!

直到 19 世纪，科学家才通过电解熔融氢氧化钾，提取出了单质钾。
那钾在生活中还有其他用途吗?

钾在人体中起着非常大的作用。
它有助于维持神经健康、心跳规律正常，
健康
今天又是愉快的一天……
可以预防中风，
还协助肌肉正常收缩。
好厉害!!
当摄入过多的钠而导致高血压时，钾还发挥降血压的作用。
我来降血压
钾K
高血压
钠
Na
Na
Na
快跑啊!!
如果人体缺钾的话……
严肃

会引起心跳加速、心律失常、肌肉无力、烦躁易怒，甚至导致心跳停止！
中招
心跳加速
肌肉乏力
啊，太可怕啦！
不过，只要不挑食，就不用担心了！
菠菜、芹菜
香蕉、红薯
瘦猪肉、猪肝
这些都是可以补充钾的食物哦，你可不能再挑食啦！
哎，好吧……

此外，钾对植物来说也很重要哦！
钾能促进植物生长，改善果实品质，增强植株的抗旱能力。
农民伯伯在施肥的过程中，会使用一些含钾元素的肥料（钾肥），
帮助农作物成长。秋天就能有更好的收成啦！
哇！
好了，接下来我要继续监督你，让你不挑食，营养均衡！
好吧！

5 氯（Chlorine）

Chlorine
17
氯
Cl
消毒剂
气体
熔点(℃)
-101
沸点(℃)
-34
密度(g/L)
3.21
（0℃，1atm）
相对原子质量
35.45
卤素
发现于1774年
返回

主页

它是人类的盟友，

人类最早使用的消毒剂；

它又是人类的冤家，

让人谈之色变的化学武器。

“绿宝宝”具有矛盾的两面性……

儿童游泳池

扑通

咦？你的触角好像在发光。
这是我的元素探测器，每当出现新元素时，它就会发光！

也就是说现在出现了新元素？
是的，我在游泳池里发现了氯元素！

是和钠一起组成了食盐的氯元素吗?

是的！氯是一种非金属元素，元素符号是Cl，在元素周期表中排在第17位（原子序数为17），是卤族元素之一。
17 Cl
氯
非金属元素

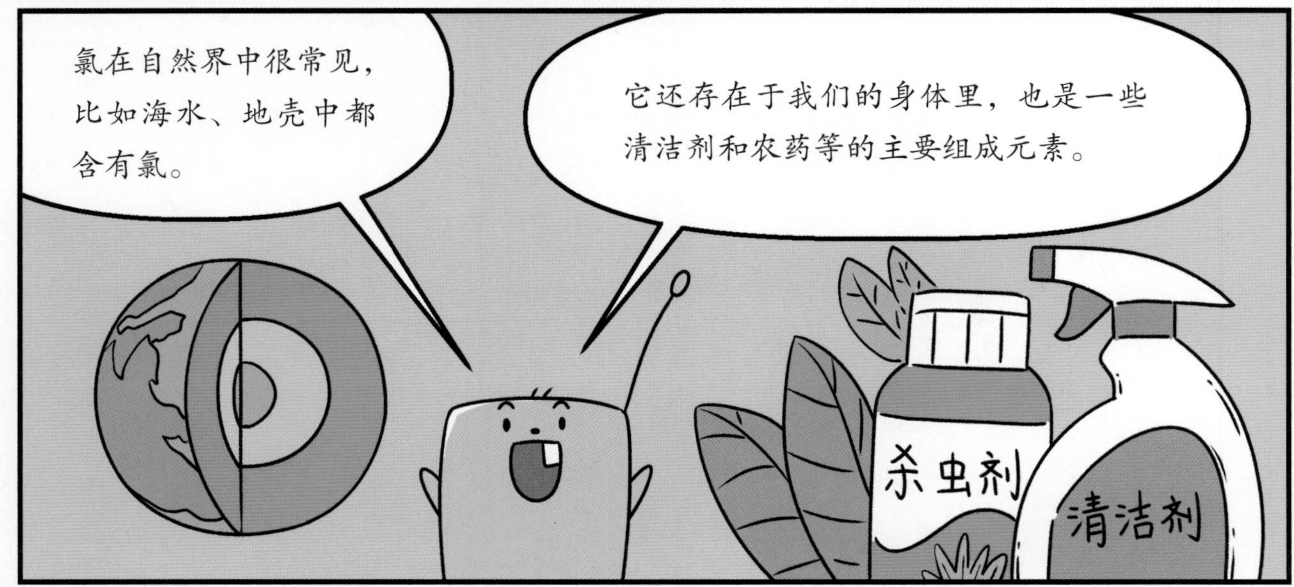
氯在自然界中很常见，比如海水、地壳中都含有氯。
它还存在于我们的身体里，也是一些清洁剂和农药等的主要组成元素。
杀虫剂
清洁剂

但是，水是氢和氧组成的，
不含氯呀，为什么游泳池
中会有氯呢？
因为要给池水消毒，所以才加
入含氯元素的消毒剂哦！
扑通
扑通

其实自然界中不存在单质氯，人类
借助化学反应，才制得了氯气。
氯气
Cl2

氯气？

氯气是黄绿色气体，有强烈的刺激性气味，化学性质十分活泼,且具有毒性。
氯气
Cl2

活泼的氯气在 100 多年前就被用作消毒剂了。
我们常用的 84 消毒液，其有效成分是次氯酸钠，是对环境友好的消毒剂。
二氧化氯
消毒剂
84
消毒液

啊？那游泳池的水有毒吗？
哈哈，这个你就不用担心了！正规游泳池会科学消毒，严格控制水中消毒剂的含量，不会对人体造成伤害！
当然，如果水中消毒液的浓度过高，会对眼睛、呼吸道、皮肤等产生刺激，严重的甚至会灼伤皮肤！

家里喷洒消毒剂消毒时，最好等气味消失后再进入房间。
还要彻底洗手，以免误食！
严肃
原来含氯消毒剂这么危险！
是的！在接触氯气时，更要严格防护，可不能直接嗅闻氯气！
消毒
嗯嗯，我记住了！

等等！可是食盐里也有氯元素啊！
盐
NaCl
氯气虽然有毒，但是有的含氯化合物是无毒的。

比如说氯化钠，也就是我们常说的食盐就无毒。所以你不用担心啦！
食盐
无毒

原来是这样！真神奇！

对了！小精灵，你刚才说氯还存在于我们的身体里，对吗？
扑通——

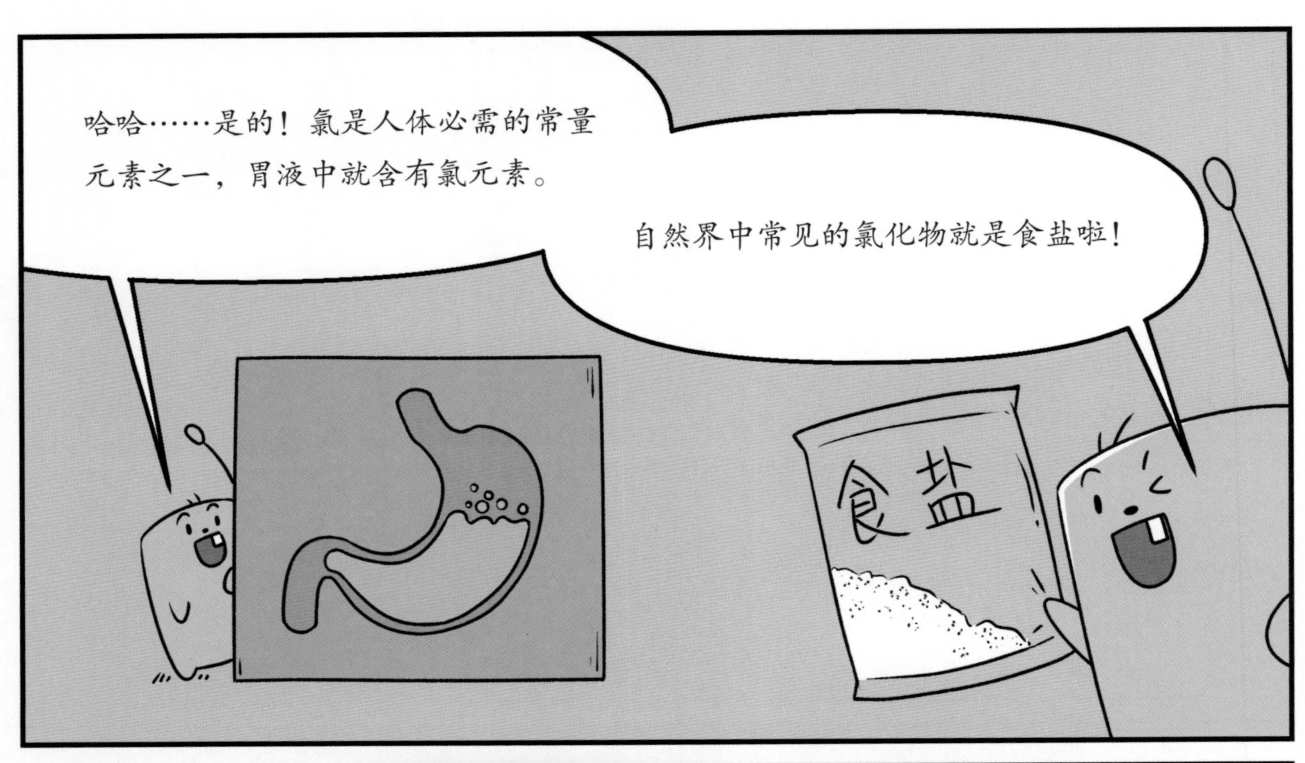
哈哈……是的！氯是人体必需的常量元素之一，胃液中就含有氯元素。
自然界中常见的氯化物就是食盐啦！
食盐

嗯嗯！氯元素可真奇妙啊！

江滨白！你在干嘛呢，
快过来一起游泳啊！
好的，我来啦！

6
锂（Lithium）
Lithium
锂
3
固体
熔点(℃)
180
沸点(℃)
1340
密度(g/cm³)
0.53
相对原子质量
6.941
发现于1817年
碱金属
返回

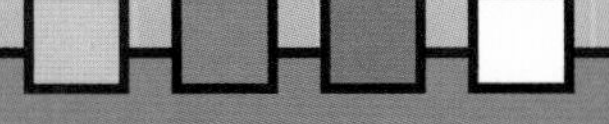

它是密度最小的金属；

它有“好人缘”，

帮助人们保持情绪稳定；

它还是新时代的“黄金”，

在高科技领域、储能材料上一展身手。

哼~哼~

咦，耳机怎么没声音了？

是不是坏了啊，要不问问妈妈吧！
~哈欠~

妈妈！
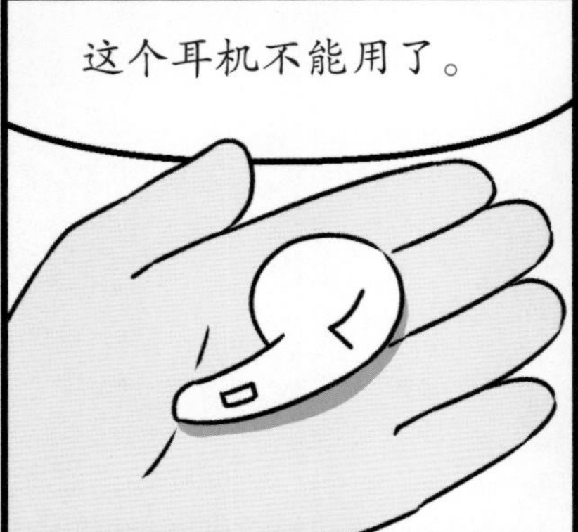
这个耳机不能用了。

只是电池没电了，充一下电就好啦。
耳机这么小，里面也有电池啊！

蓝牙耳机用的是小小的锂电池，不是我们常见的圆柱形干电池。
L
R

相比于普通干电池，锂电池使用寿命长、能量高，被广泛应用于手机、平板电脑等电子设备中。
原来如此！
12:45
新消息

嗨，小精灵，
我回来了！
啪——

妈妈告诉我说耳机里
面有锂电池。

是的，如今锂电池被
应用在很多领域。
锂电池
10:15
87.6
可是，这个“锂”是什么呀？
锂？？？

锂是一种碱金属元素，元素符号为 Li，原子序数为 3。
3 Li
锂
碱金属

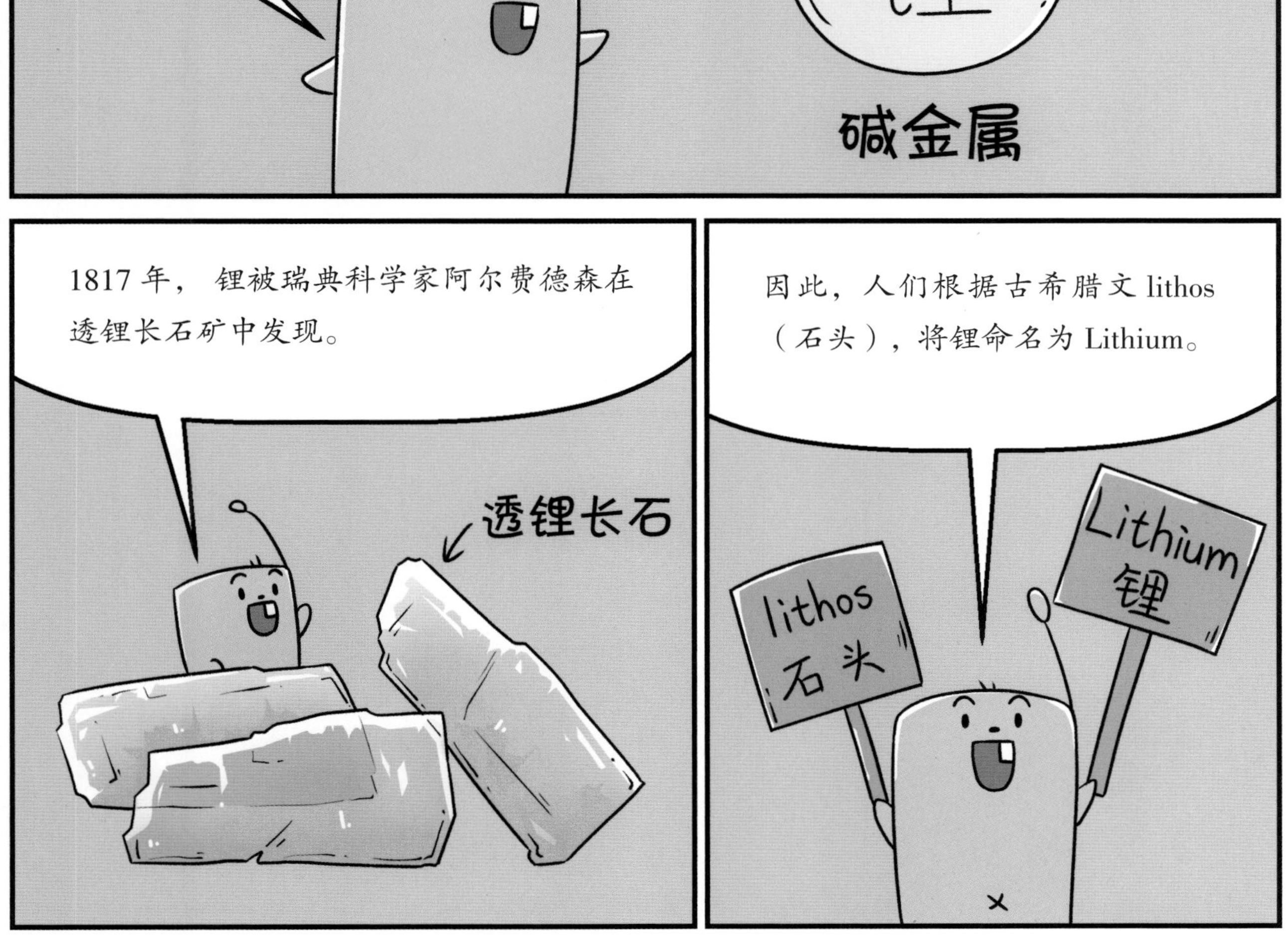
1817 年， 锂被瑞典科学家阿尔费德森在透锂长石矿中发现。
透锂长石
因此，人们根据古希腊文 lithos（石头），将锂命名为 Lithium。
lithos
石头
Lithium
锂

单质锂是一种银白色的金属，密度比水小。

那么我们在哪里可以找到锂呢？

很多含锂矿物可以溶解于水，所以在土壤、海水中都能找到锂。
锂
锂
锂

一些食物中也含有锂，如平菇、对虾和坚果等。

哇！它在我们生活中也有很多用途吧？
是的！

含锂的玻璃耐热且抗腐蚀，被用于制造望远镜的镜片。

有一种陶瓷假牙的原材料就是含锂化合物，一些药品的成分中也含有锂。
碳酸锂
Li_2CO_3

不过，锂主要用于生产蓄电池。

锂电池体积虽小，但电力强劲。

现在的新能源汽车大多使用锂电池。
锂电池

好神奇啊，我又学到了好多新知识！

7 氢（Hydrogen）

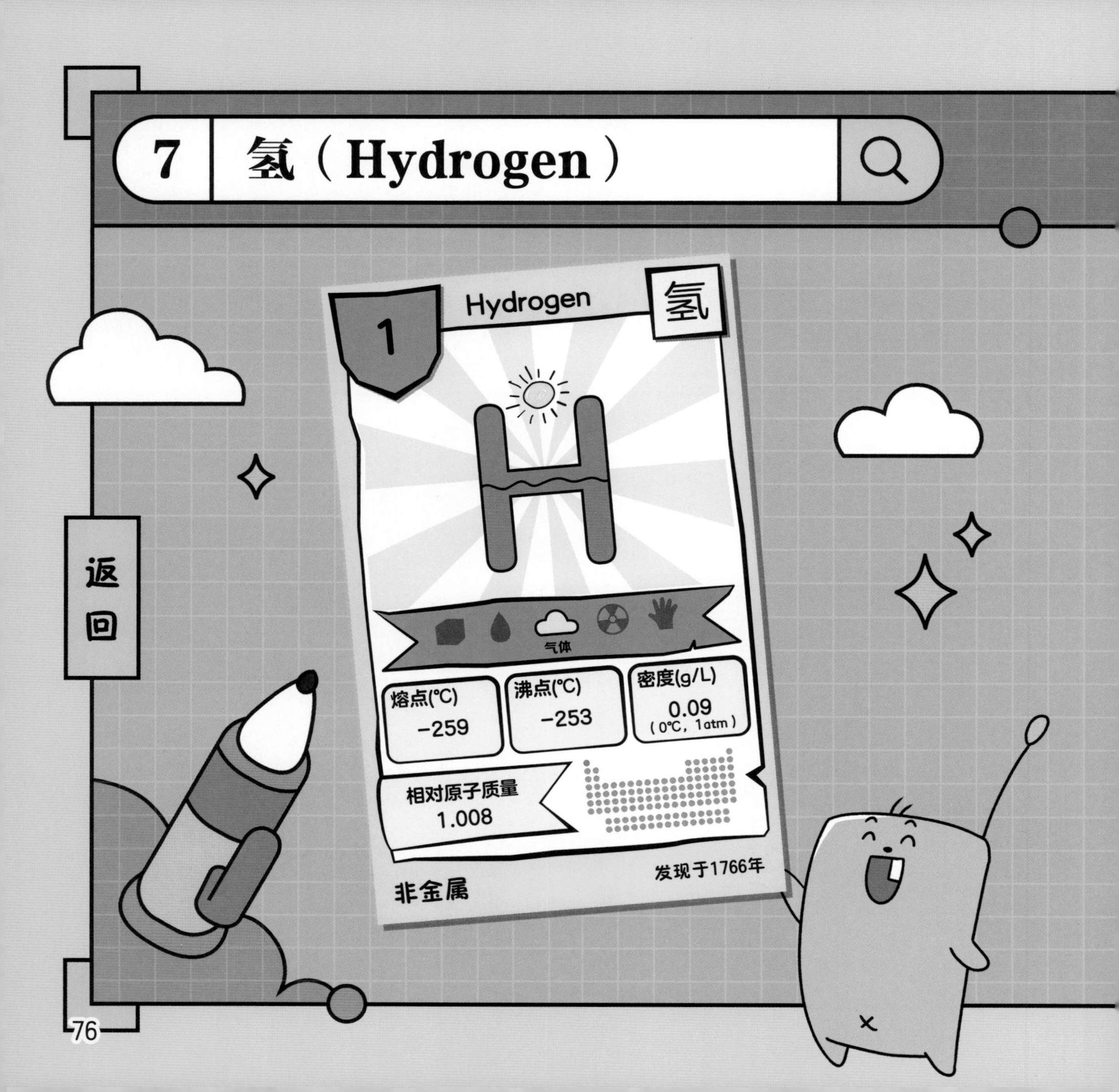

Hydrogen
氢
1
气体
熔点(℃)
-259
沸点(℃)
-253
密度(g/L)
0.09
（0℃，1atm）
相对原子质量
1.008
非金属
发现于1766年
返
回

主页

它排在元素周期表的第一位，
气态时它轻于鸿毛，
能够让气球飘荡在空中。
它是构成“生命之源”——水的两种元素之一。
它是世界上最具发展潜力的清洁能源，
期待它在未来焕发出勃勃生机！

郊游

哇，是大风车！
你该不会不知道吧？它们才不是大风车，是风力发电机。

我当然知道！风力发电机就是将风能转换为机械能的动力机械，而且，不仅可以发电，还可以……

风能 → 机械能

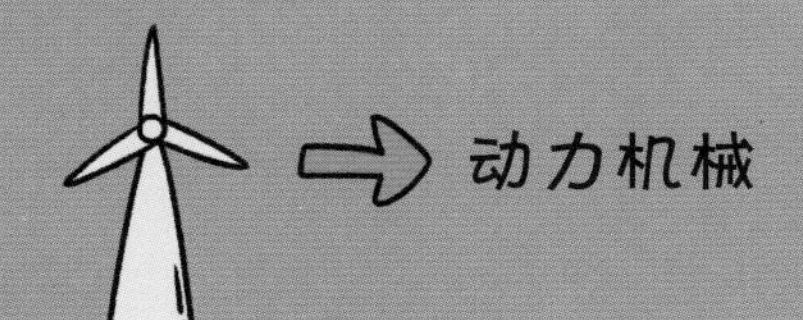

从……从书上看来的！
紧张

什么书？我也
要看！

很多书啦，从各种不同
的书上看来的……

感到可疑……

对了，我们来玩
击鼓传花吧！

江滨白！别转移话题啊！

被无视
我们来传球，一个人负责喊停，球最后停在谁的手里，谁就要表演节目！
好——!!

哼，还不是我和你说的。
谢谢你，小精灵。要不，你再给我讲讲元素的故事？
传球~传球~
那我就给你讲讲“氢”的故事！

氢是一种非金属元素。
在元素周期表中，它位于第一位，而且它也位于碱金属那一列的首位。
1 H 氢
碱金属第一位

氢不是非金属元素吗？
怎么会排在金属的首位？
非金属
碱金属第一位

在常态下，氢并不是碱金属；
但是在超高压下，氢可以展现出金属的特性。
既有金属性
氢
也有非金属性
这里就不得不提到金属氢了。
金属氢

江滨白，接球！
金属氢？

传

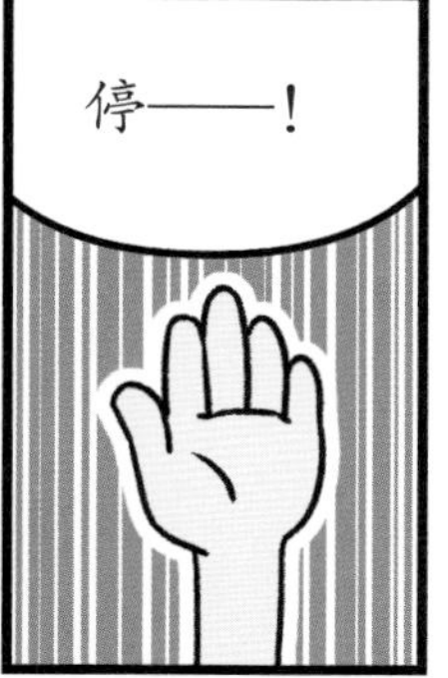
停——！

你的球！
明明是你的球，你手还在上面呢！

咻

啊——
砰

为什么我这么倒霉！
完了，又惹祸了……
对不起！

小精灵，刚才还没说完呢，金属氢是什么呀？
完了，顾冉冉肯定又要不理我了……

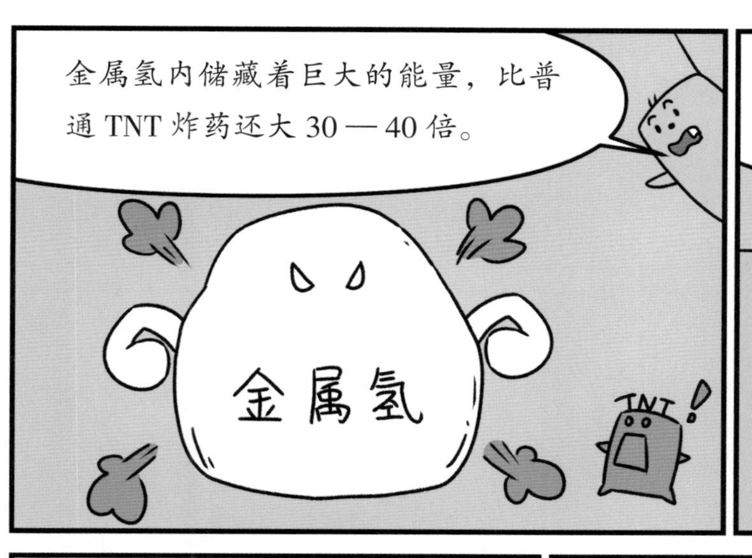

迄今为止，历史上只有一次成功制造出了金属氢。

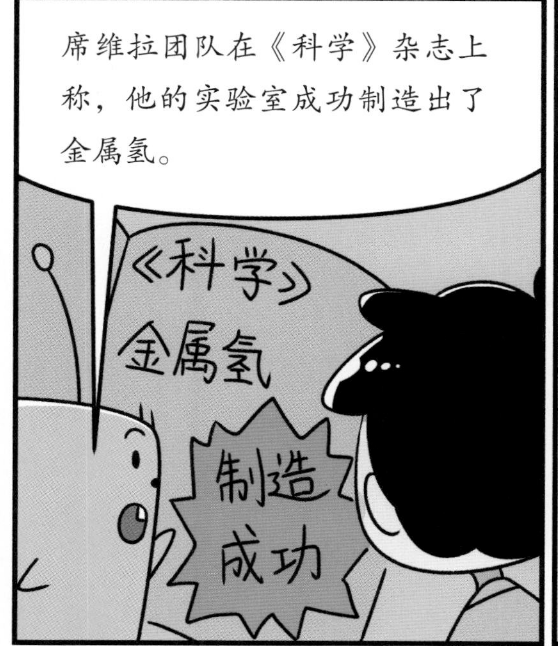

氢的同位素被用于制造氢弹，威力比原子弹大得多。

氢弹

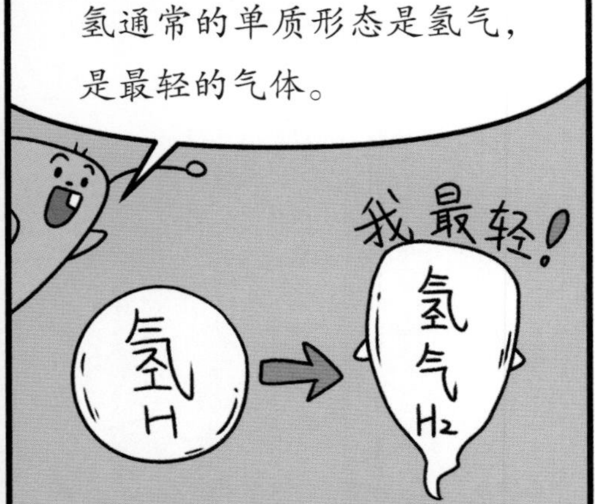

因为氢气的密度比空气的小，所以氢气球可以飘浮在空中。
H2
H2
H2

但是！氢气是一种易燃易爆性气体，我们接触氢气球时，一定要远离火源！
我们怕火
H2

嗯嗯，记住了！那空气中是不是也有氢气啊？
点头

空气中的氢气很少，但是在太阳的大气中，氢含量却很高，占 81.75 %。
大气层
H
H
H
太阳

又是充实的一天呢！
这家伙在说什么呢……

8 氩（Argon）

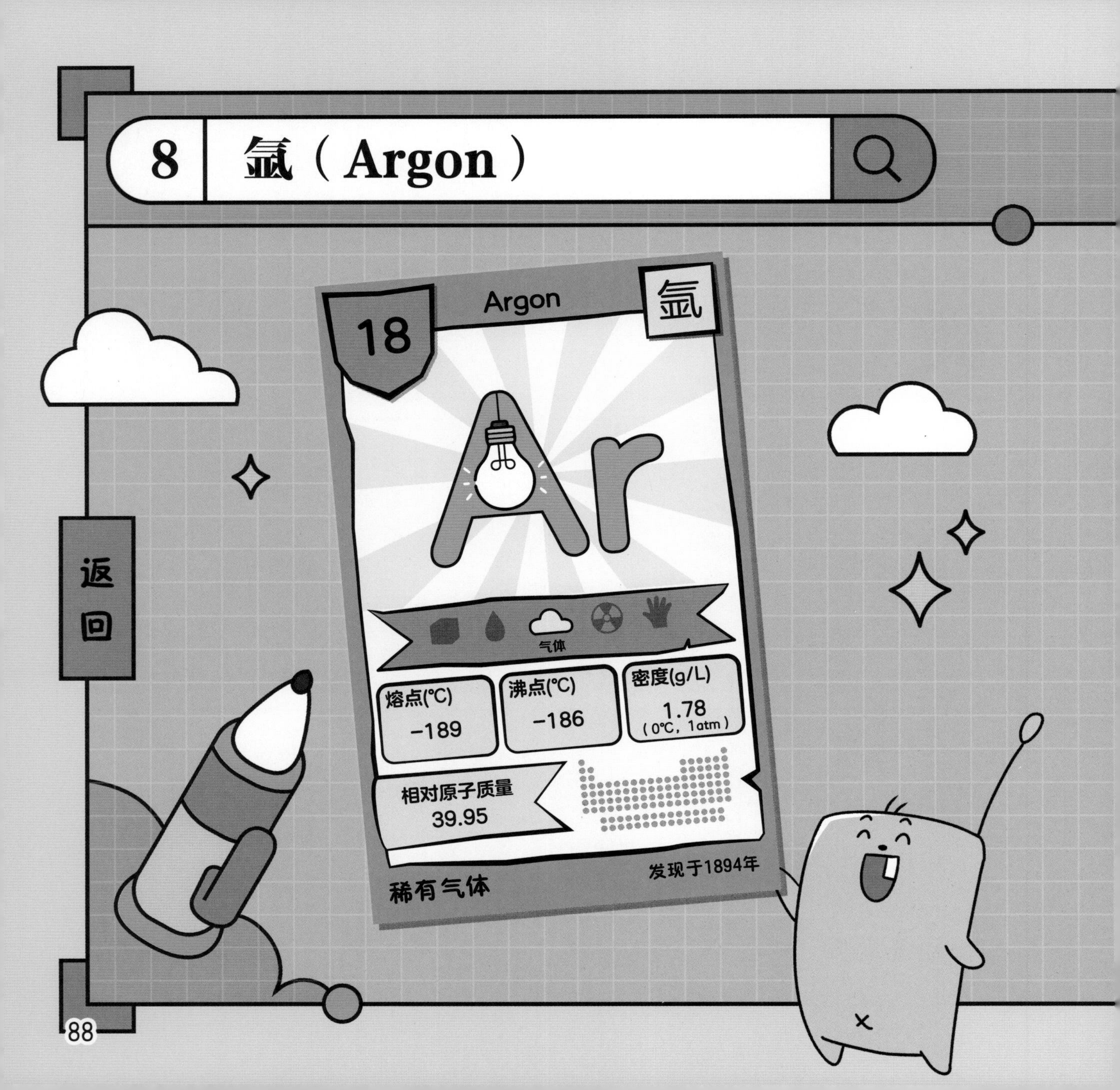

Argon
18
氩
Ar
气体
熔点(℃)
-189
沸点(℃)
-186
密度(g/L)
1.78
(0℃，1atm)
相对原子质量
39.95
稀有气体
发现于1894年
返回

主页

它是“懒惰”的气体，
是最不稀有的稀有气体。
它是五彩霓虹灯中那道蓝紫色的光，
它在保护文物方面也闪耀着光芒。

妈妈，那个叔叔在干什么呀？
窗户定做
嗞~
嗞
嗞

他在焊接金属。

利用高电压、高电流，
产生高温，
将金属熔化，
1200℃

这样两种金属就可以连在一起了。
太神奇啦！
探头

怎么了小精灵，出现新元素了吗？

氩气Ar
Ar
Ar
那位工人的焊接机器上
喷出了一种气体，
这种气体是氩气！

氩气？
那是一种什么样的气体呢？

是氩气！
氩气是一种稀有气体，无色无味。它的化学符号是Ar。
18 Ar 氩
氩气 Ar
氩气是自然界中含量最多的稀有气体。
不稀有的稀有气体
Ar
Ar
Ar
Ar
Ar
它的化学性质极不活泼，它的英文名Argon有懒惰、不工作的含义。
Argon
懒惰
不工作
它不能助燃，也不能燃烧，
ZZZ
只想睡觉
Ar
所以被广泛用于灯泡充气中，也作为金属切割时的保护气体，防止金属和空气发生反应。
有我在，没意外
Ar

那么氩气是怎么被发现的呢？
?
好奇

问得好！

其实氩气是经过许多人的不断努力才被发现的。

1785年，卡文迪什曾经制备出氩气，但他本人并没有意识到。
卡文迪什
怎么感觉出现了奇怪的东西？不！不！不！一定是错觉！
1785年

直到1894年，瑞利和拉姆齐才通过实验确认这是一种新元素。
瑞利
拉姆齐
不是错觉！是新元素！
1894年

他们发现，在分解氨气实验中得到的氮气，比从空气中得到的氮气要轻 1.5%，
虽然差异很小，但还是超出了误差范围。
为什么从氨气中分解出来的氮气和从空气中得到的氮气不一样啊？
一定要找到答案！
我知道了！从空气中得到的氮气夹杂了其他气体！
破解!!
经过努力，他们从中分离出一种未被发现的气体。
1894 年，他们将这种气体命名为氩气。
氩气

原来，一种元素的发现，竟然需要几代科学家的努力。
他们锲而不舍的精神值得我学习！
奋斗
热血
燃！！

儿子真棒！

你在笑什么！

没有啦，只是觉得你认真的
样子很帅气啦！

!!

嘿嘿，这样夸我，
我都不好意思了！

9
氖（Neon）
返回
Neon
10
氖
Ne
气体
熔点(℃)
-249
沸点(℃)
-246
密度(g/L)
0.9
(0℃，1atm)
相对原子质量
20.18
稀有气体
发现于1898年

主页

它是人类发现的第四个“懒惰”宝宝。
“霓虹灯”这个名字就来自它的音译。
它发出橙黄色的光，
是夜空中绚丽多彩的“星星”。
它穿透力强，
是恶劣天气中的“指路人”。

一切准备就绪！我马上传送到预定地点，接回孩子们！

这部电影太好看了！
主角实在是太酷了！
吧唧～
吧唧～
出发！

没错，那惊心动魄的剧
情确实令人难忘。

而且里面的城市好梦幻啊！

真希望我也能住在
那样的地方！
超级点点

都是高楼上五光十色的灯照出来的吧！

我也好想拥有
那些灯啊！
闪耀
灯光侠

那你知道那些灯叫什么吗？

霓虹灯！
电影里介绍过，这些五颜六色的灯叫霓虹灯哦！

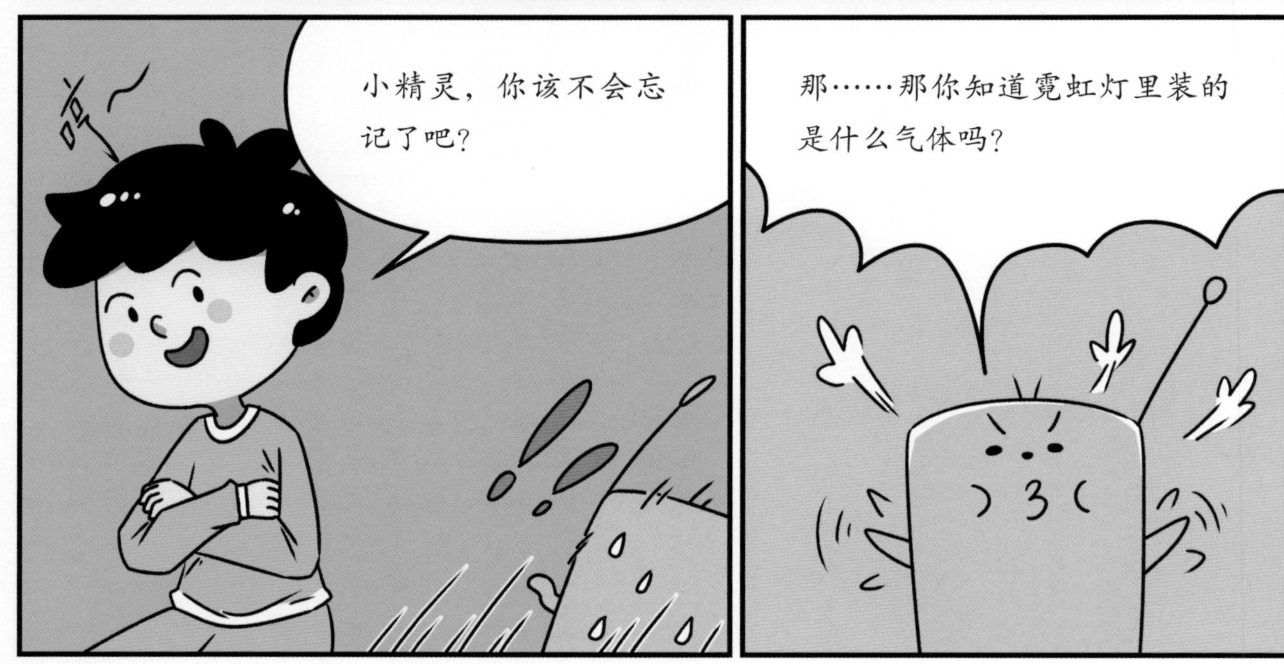
哼~
小精灵，你该不会忘记了吧？
那……那你知道霓虹灯里装的是什么气体吗？

!?
嗯……
霓……霓虹气？

…
呆住

哈哈哈哈哈

居然嘲笑我……

快说快说！
好痒好痒！
告诉你，告诉你！
咯叽~
咯叽~
哈哈哈
哈哈

咯叽咯叽
是氖气！

氖气？
没错……

氖气也是一种稀有气体，
是氖元素的单质形式。
稀有气体
氖气
Ne
10 Ne
氖
它是继氩气和氦气之
后被科学家发现的。
排队中
18 Ar
氩
2 He
氦
10 Ne
氖
怎么还没轮到我?
我觉得还有别的元素，
我得想办法找出来！
那时拉姆齐已经发现
了氩和氦两种元素，
但他认为还存在一
种相对原子质量为
20的元素。
?
20
拉姆齐

由于氖气和氩气太难分离，
以至于很长时间，拉姆齐都没有取得突破。
为什么不能分离？
氩气
氖气

后来，他利用氖和氩液化后沸点的不同，
液化
通过反复液化、挥发，从中收集最易挥发的部分，
终于找到了氖。
氖气
并取名为Neos，其含义就有“新的”意思。
挥发
有那么多种灯，为什么大街上偏偏用霓虹灯呢？
白炽灯
荧光灯
……

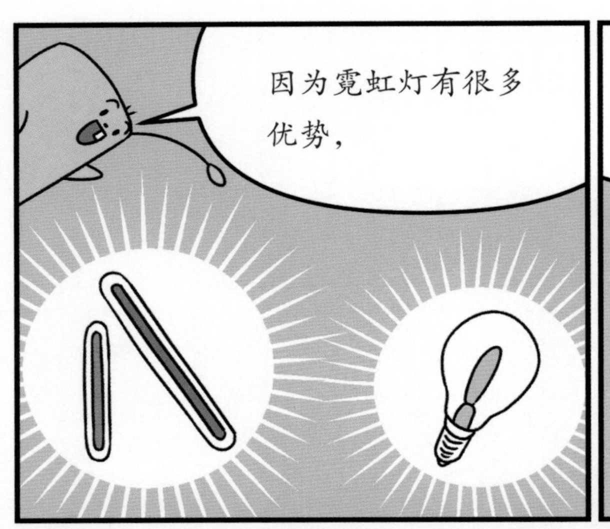
因为霓虹灯有很多优势，

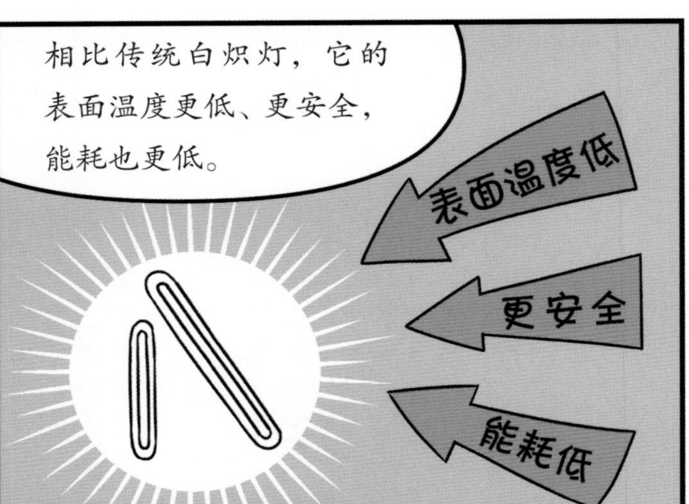
相比传统白炽灯，它的表面温度更低、更安全，能耗也更低。
表面温度低
更安全
能耗低

而且，它还可以通过填充不同的气体，让颜色发生各种变化。
元素萌萌说

所以，霓虹灯被广泛应用于装饰和广告。

原来，化学还可以让我们的生活变得更美丽！

我以后一定要好好学化学，为社会做出贡献！

10
氪（Krypton）
Krypton
氪
36
Kr
气体
熔点(℃)
−157
沸点(℃)
−152
密度(g/L)
3.74
（0℃，1atm）
相对原子质量
83.80
发现于1898年
稀有气体
返回

主页

它是化学性质超级稳定的“懒宝宝”，
它是最稀有的稀有气体。
它少到“微不足道”，作用却不容小觑；
它透射率高，飞机灯、矿灯、越野车灯……
都是它一展身手的舞台。

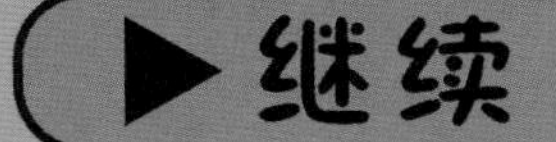

啪——
哼~
啪——
输了一天的点点
哈哈哈，小精灵，
你又输了！

不好玩，不好玩！
我们换个游戏玩！

好吧好吧！

那你想玩什么？

我们来玩化学元素接龙吧！
S
Na
F

不祥的预感……

比如稀有气体，我说一个，你说一个。

不行不行，这我肯定输啊！

那你先说，你有优先权！

这家伙玩五子棋输了一下午，还是让它开心开心吧。

好吧，我接受挑战！

稀有气体？嗯……氦！

氖。

氙！

氪。

氪？
是氪星吗？那个有超人的星球？！
氪星
激动

是的，就是那个氪。
在元素周期表中，
氪位于零族。
36 Kr
氪
稀有气体
氪气为无色、无臭、无味的稀有气体。
zzZ
氪气
氪气
Kr

1898 年，拉姆齐和瑞利应用光谱分析法，
分析液态空气蒸发掉氧气、氮气、氩气后所剩下的残余气体时，
发现了氪气。
拉姆齐
瑞利
1898
液态空气
氮气
氩气
氧气
氪气

拉姆齐决定把它叫作氪（krypton），源自希腊文krptos，意思是“隐藏”。
Krptos
隐藏
隐藏得如此深，那我就叫它“隐藏”吧！

隐藏？
难怪超人也这么神秘呢！

那在我们的生活中，氪有哪些用处呢？

白炽灯中就有氪元素哦！
kr

但家里好像只有 LED 灯，没有白炽灯呀。

氪因透射率特别高，被大量用于矿灯、越野车照射灯充气中。

氪还广泛用于电子、电光源工业。

啊，爸爸妈妈觉得LED灯更节能，所以没有用白炽灯。

哎，看来我没机会接触氪了！
超人梦
哈哈哈

其实氪还是有危险性的！

氪气无毒，但它的“麻醉性”比空气高7倍以上，所以吸入有使人窒息的危险！
kr
无法呼吸
吸入含有50%氪气和50%空气的混合气体，所引致的麻醉效果相当于在4倍大气压下吸入空气，
30米
也相当于在30米深的水下潜水……

这也太危险了吧！可能这就是我无法成为超人的原因吧！
哈哈哈哈，那我们还是继续接龙吧！

啊，我想不出来……
我认输！
败

要不我们接着玩五子棋？

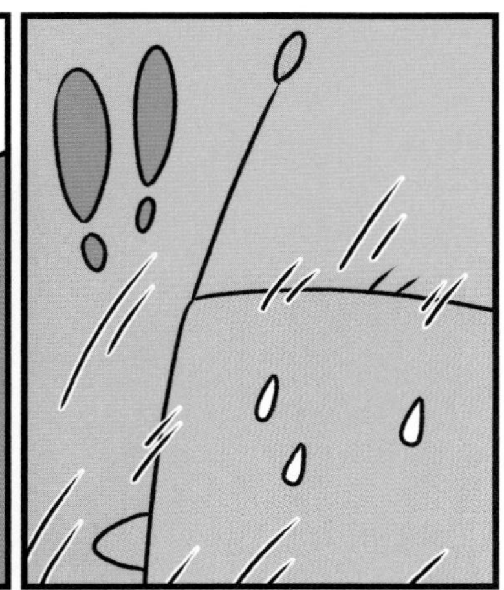

那个……我有点饿了，
我去找妈妈拿蛋挞！
别走呀！
嘻嘻
告辞！